5分鐘
涼麵·
涼拌菜·
涼點
低卡開胃健康吃

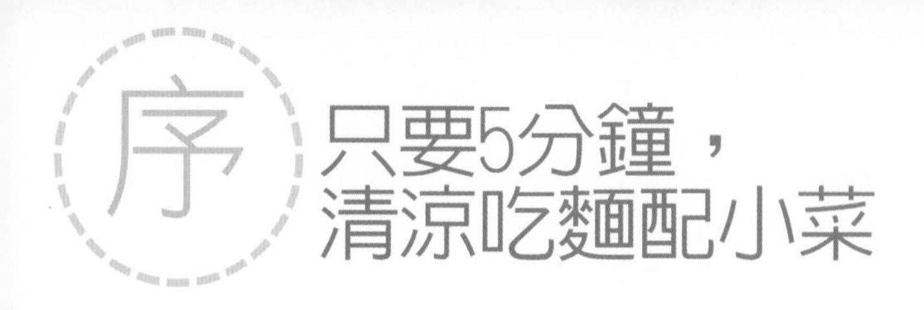

# 序 只要5分鐘，清涼吃麵配小菜

早期我是教授中菜起家的，因緣際會下，轉教麵食，與麵粉結了很深的緣分；近兩、三年熱炒小館逐漸興起，學生們熱情要求我再開班，加上個人技癢，於是又重回中菜領域。撰寫本書便是抱著對麵食與中菜的熱愛，恰巧朱雀文化給予我這個機會，讓這本《5分鐘涼麵．涼拌菜．涼點》得以完成。

涼麵與涼拌菜其實是四季皆宜；夏天口味偏向清淡、微酸、微辣，冬天口味則較厚重些。在忙碌的生活裡，來碗涼麵、吃盤小菜，不但方便料理且美味營養。不要小看這樣一盤簡單的涼菜，它在宴客菜餚中，可是舉足輕重呢！涼菜是前菜、開胃菜，因為它的刺激與導引，讓人食慾大增，率先開啓一扇通往美食的大門。

「涼麵」是將麵條入沸水煮熟撈出，用冷開水「淘冷」至涼，再拌入各式佐料、醬汁食用。「涼拌菜」做法多樣，可將食材洗淨直接沾料生食，也可水煮汆燙後趁熱與調味料拌合或放涼澆淋醬料，甚至經過熗、爆、炒、燒等各種手法烹調後，放涼食用及裝入器皿冷藏隨時取用，皆是涼食小菜。

本書除了傳統的中式涼麵，還能品嘗到異國涼麵帶來的驚喜變化，而酸酸甜甜的開胃涼拌菜更是不容錯過，此外，還有最好吃的涼拌菜，不論是新潮的牛肉卷、鮪魚沙拉或是充滿古意的涼拌青蒜鴨賞、鹹蜆仔，道道皆是功夫小菜，打破你對涼拌菜的刻板印象。

另外，趁著這次本書再版，我特別加入了幾道可以涼涼吃的中式點心，有些可以做好存放冰箱隨時享用，像綠豆露、桂花蜜香芋；有些則建議現做現吃，像紅豆泥西米露。

期望本書裡面的菜、麵和點心能夠減輕讀者在炎夏酷熱廚房裡烹調的辛苦，也希望這些美味的料理可以促進食慾，讓大家吃得盡興和滿足。

趙柏淯

foreword

# 目錄 contents contents co



## delicious noodles 最美味中式涼麵



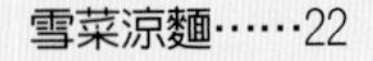

## fresh noodles 最新潮異國涼麵

**本書使用說明：**

**1.書中涼麵份量皆為4～5人份，依個人食量不同略有差異。**

**2.材料中的涼麵是指台式涼麵，即加有鹼、略帶黃色的熟涼麵，可在傳統市場買到。想自行製作涼麵，請參考P.8〈煮麵技巧真功夫〉。**

**3.本書度量單位：1大匙＝15克＝3小匙，1小匙＝5克，1碗＝220～230克。**

## appetizing dish
### 最開胃涼拌菜



## tasty dish
### 最好吃涼拌菜



## easy sweet
### 最好做涼涼點心

# 百變調味料—拌麵、拌菜皆適宜

調味料是影響涼麵與涼拌菜風味的最大關鍵，只要了解特性，
掌握用法，你也可以輕鬆調出屬於自己的夏日風味。

## 醬料類

芝麻醬

### 1. 芝麻醬

芝麻醬口感濃稠、香氣芳郁，且富含鐵質及維他命E，是調製麻醬時不可少的調味料之一，注意不要購買瓶中浮油太多的芝麻醬，代表放置太久。

花生醬

### 2. 花生醬

花生醬富含蛋白質及不飽和脂肪酸，市售產品種類頗多，有甜味、鹹味、綿滑口感或帶有顆粒口感等，本書食譜選擇鹹花生醬來入菜。

泰式甜辣醬

### 3. 泰式甜辣醬

也稱為甜雞醬，味道上微辣、微酸、偏甜，可到南洋料理專賣店或大型超市購買。

腐乳醬

### 4. 腐乳醬

腐乳醬是以豆腐、糯米一起醱酵製成，味道鮮美、稍微偏鹹，不但可搭配稀飯食用，也可入菜調味。

甜麵醬

### 5. 甜麵醬

甜麵醬呈深褐色，是以麵粉加工製成，醬細稠略帶有甜味，用來沾食或入菜皆可。

豆瓣醬

### 6. 豆瓣醬

豆瓣醬是以黃豆和蠶豆加入鹽、麴、麵粉等醱酵製成，可拌麵或直接當沾醬使用，愛吃辣者，還可選購辣豆瓣醬。

味噌醬

### 7. 味噌醬

味噌有白味噌、紅味噌等，一般味噌醬是以白味噌加入糖、味醂等製成，用來入菜好吃又方便。

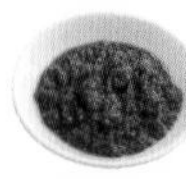
沙爹醬

### 8. 沙爹醬

沙爹醬類似台灣的沙茶醬，是馬來西亞有名的醬料，一般超市有販售進口的罐裝沙爹醬，可用來拌麵或當烤肉沾醬。

# 酸味醬汁類

白醋

烏醋

水果醋

酸梅汁

烏梅汁

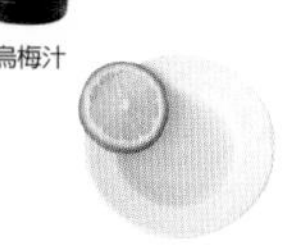

檸檬汁

**1. 白醋**
白醋味道較酸，有增進食慾的功效，最常用來做泡菜、涼拌菜，且還有殺菌去污的效果。

**2. 烏醋**
烏醋是將白醋加工調和製成，味道較溫和，適合用來增添菜餚風味，吃麵或炒菜時，加入幾滴就很美味。

**3. 水果醋**
水果醋有蘋果醋、李子醋、鳳梨醋等，任何水果醋均可用來拌麵，夏天拌碗蔬果麵條，開胃又健康。

**4. 酸梅汁**
將7～8顆話梅浸泡在1碗冷開水中，待梅肉溶化於水中，即是自製酸梅汁，如果怕麻煩，也可直接購買市面上的產品。

**5. 烏梅汁**
市售濃縮烏梅汁顏色深黑，味道較酸，使用時需注意份量的掌握，用來製作涼拌菜餚，口味獨特。

**6. 檸檬汁**
新鮮檸檬香氣十足，將檸檬搾汁後，應用於料理中，使菜餚充滿香氣，帶點酸酸滋味，十分爽口。

## 提味增鮮有訣竅

提味醃漬菜：醃漬菜種類繁多，味道稍微偏鹹，同樣具有開胃的功效，不僅可直接配飯、粥食用，也可加入涼麵、涼拌菜中提味，常用的提味醃漬菜有冬菜、雪裡紅、榨菜、大頭菜、醬瓜、泡菜、蘿蔔乾等，都是不錯的選擇。

增鮮佐料：善加使用一些常見佐料，可讓菜餚更香、更鮮、更美味，如柴魚片、蝦米末、香菇、紅蔥頭酥、大蒜酥、白芝麻、蠔油、魚露或鮮味露等，皆能發揮增鮮的功效。

# 涼麵、涼拌菜眞簡單

夏天到了，沒有胃口，來點清涼爽口的涼麵、涼拌菜，就是最好的選擇囉！要做出好吃的涼麵、涼拌菜，除了調味之外，如何選擇材料、處理食材也很重要，以下妙招讓你輕鬆拌出美味佳餚。

## 涼麵的美味祕訣

**1. 麵條選擇有一套**

市面上各種麵條、米條其實都可用來做涼麵，只要善加運用創意，就能變化出不同的味覺口感喔！

麵條種類：

(1)米類

米苔苜、米粉（粗細皆可）、南洋米線、河粉、板條、白麵線（長壽麵）等。

(2)麵粉類

油麵、涼麵、陽春麵（白麵條）、拉麵、雞蛋麵條、義大利麵條等。

(3)其他類

冬粉。

**2. 煮麵技巧真功夫**

麵條種類多，各有不同的煮法，想要吃到QQ的麵條，煮麵功夫不能省！

(1)米苔苜、濕米粉、河粉

米條入沸水內，用筷子將其撥散，汆燙2～3分鐘，撈出待涼即成。

(2)乾米線、乾米粉、冬粉

米條入冷水內，浸泡20～30分鐘，再入沸水中，用筷子將其撥散，以中火煮至水沸即可撈出，待涼即成。

(3)白麵條、拉麵、雞蛋麵

麵條入沸水內，用筷子將其撥散，中大火煮至水沸，加入半碗清水再次煮沸，撈出麵條入冷開水中降溫，待涼瀝乾即成（拉麵必須加入一至兩次清水煮沸）。

(4)義大利麵

麵條入沸水內（加1小匙鹽），用筷子將其撥散，中小火煮6～8分鐘，加入1碗清水，中火煮4～5分鐘，撈出待涼即成。

**3.保存方式**

煮好的麵條，放涼後加入沙拉油（或橄欖油）挑鬆，放入冰箱可保存3天左右，但麵條若放入冰箱中冷藏，會稍微變硬、缺乏彈性，所以還是現做現吃最美味。調製出的醬料，則以蕃茄醬汁（做法請見P.33）、乳酪醬（做法請見P.34）較能久放，煮好後裝罐冷藏即可。

# 涼拌菜的開胃祕訣

**1. 食材選擇**

選用新鮮食材是涼拌菜好吃的基礎，以下就告訴你各類食材的挑選技巧。

(1)蔬菜類

挑選蔬菜食材時，根莖類要肥厚、水份充盈，（馬鈴薯不可有發芽），葉菜類則要選擇葉片完整、無枯萎的蔬菜，且最好盡快食用。

(2)肉類、海鮮類

肉類鮮紅、無臭味則代表新鮮，魚肉要有彈性、眼珠不混濁，蝦、蟹、貝類要無臭味，買回家後，如果不是馬上要使用，特別注意冷藏保存，尤其夏天天氣炎熱，放久了容易滋生細菌，不僅不美味，對健康也不好。

**2.涼拌菜料理技巧**

料理各類菜餚皆有訣竅，事前的準備動作絕對不可少！

(1)蔬菜類

蔬菜一定要洗淨，去除表面殘留的農藥，才可製作涼拌菜，尤其葉菜類最好先汆燙過再食用；若製作泡菜，記得蔬菜要加入鹽醃軟化，將水逼出倒掉，吃起來才不會有澀味。

(2)海鮮類、肉類

製作這類的涼拌菜餚，要注意海鮮及肉類必須先汆燙過，再與其他材料一同入鍋或拌勻，才不會產生血水，造成整鍋混濁。

**3. 保存方式**

做好的涼拌菜可用保鮮盒裝好，放進冰箱冷藏，約可放3～5天。若一次做了大量的涼拌菜，食用時千萬不要直接用筷子去夾，否則口水沾到菜上，不馬上吃完就不新鮮了；可先用乾淨的筷子將要吃的量盛入盤中，其餘放進冰箱保存即可。

### 簡單幾個小訣竅，絕對能讓涼拌菜更好吃！

*醃漬時間長才能入味的食材：紅蘿蔔、白蘿蔔、藕片等
*汆燙太久易變色的食材：蘆筍、四季豆等
*隨拌隨吃才美味：涼拌大白菜（P.53）、涼拌土豆（P.67）
*冰鎮食用更好吃：糖醋高麗菜（P.50）、廣東泡菜（P.51）、涼拌茄子（P.56）、涼拌青木瓜（P.59）

delicious noodles

delicious noodles

# 八寶涼麵 delicious noodles

delicious noodles

# 八寶涼麵

〈材料〉→涼麵600克、麵腸2條、榨菜末30克、油豆腐60克、新鮮香菇60克、筍丁60克、蕃茄1個、毛豆30克、洋蔥1/2個。

〈調味〉→豆瓣醬3大匙、糖2小匙、胡椒粉1小匙、麻油適量。

〈做法〉

**1** 毛豆洗淨，洋蔥、麵腸、油豆腐、香菇、蕃茄切丁。

**2** 炒鍋熱入3大匙油，爆香洋蔥丁、麵腸、榨菜末、油豆腐，入調味料拌炒均勻，續入香菇、筍丁、蕃茄、毛豆、清水2/3碗燜煮12～15分鐘，即是醬料。

**3** 將涼麵與做法**2**的醬料拌勻即可食用。

**輕鬆拌涼麵**

「八寶」材料可隨個人喜好來搭配，愛吃辣的讀者也可將豆瓣醬改為辣豆瓣醬。

## 雞絲涼麵 delicious noodles

delicious noodles

# 雞絲涼麵

〈材料〉→白麵條600克、雞胸肉300克、新鮮香菇8朵、蕃茄2個、青蔥1根、青花椰菜1/2顆。

〈調味〉→鹽2小匙、淡色醬油1大匙、糖2小匙、胡椒粉1小匙、太白粉2小匙。

〈做法〉

**1** 雞胸肉切絲，入所有調味料拌勻醃漬20～30分鐘。香菇切細絲，蕃茄切丁，青蔥切碎，青花椰菜切成小朵汆燙備用。

**2** 深鍋內注入半鍋水煮沸，入麵條以大火煮至水沸（同時用筷子將麵條撥散），加入1/2碗清水再次煮沸，將煮好的麵條注入冷開水浸泡至涼，撈出備用。

**3** 炒鍋熱入3大匙油，爆香蔥末，入雞絲以中大火炒至變色，入香菇、蕃茄拌炒均勻，加入清水2大匙，中火燜3～4分鐘盛出。

**4** 麵條盛入盤內，舀入做法**3**的醬料，加入青花椰菜即可拌食。

**輕鬆拌涼麵**

可直接將雞絲入沸水內汆燙熟，加入其他材料和麵條拌勻，即成低卡涼麵。

delicious noodles

**輕鬆拌涼麵**
淡色醬油是指顏色較淺的醬油，其鹹味並不會減量，因此還是要適量使用。

# 麻醬涼麵

〈材料〉→涼麵600克、小黃瓜3條、紅蘿蔔絲30克、豆芽菜150克、熟白芝麻適量。

〈調味〉→**A** 淡色醬油1大匙、白芝麻醬5大匙、橄欖油2大匙、烏醋1大匙、糖1/2大匙。

**B** 鹽1小匙、熱開水1大匙（預先混合）。

〈做法〉

**1** 小黃瓜洗淨切絲，紅蘿蔔絲、豆芽菜入沸水內汆燙1分鐘，撈出備用。

**2** 所有調味料混合均勻，即是醬汁。

**3** 取一平盤入涼麵、小黃瓜絲、豆芽菜、紅蘿蔔絲，淋入醬汁拌勻，撒上芝麻即成。

# 醡醬涼麵

〈材料〉→雞蛋麵600克、絞肉250克、蔥末50克、大蒜末50克、小黃瓜絲100克、紅蘿蔔絲80克。

〈調味〉→甜麵醬1大匙、豆瓣醬1大匙、糖1/2大匙、鹽1小匙。

〈做法〉

**1** 炒鍋熱入4大匙油，爆香蔥末、大蒜末，入絞肉以中火炒至出油，續入甜麵醬、豆瓣醬拌炒均勻，加入1碗清水，中小火燜煮15～20分鐘，以糖、鹽調味。

**2** 深鍋內注入半鍋水煮沸，入麵條以大火煮至水沸，加入1/2碗清水再次煮沸，將煮好的麵條注入冷開水浸泡至涼，撈出備用。

**3** 麵條盛入盤內，加入做法**1**的醡醬及小黃瓜絲、紅蘿蔔絲即可拌食。

**輕鬆拌涼麵**
甜麵醬醬細稠略帶有甜味，豆瓣醬豆粒粗、鹹味重，兩者摻半使用，能互相調和。

# 紅油涼麵

〈材料〉→細拉麵600克、蝦米30克、大蒜8粒、青蔥2根、熟芝麻20克。

〈調味〉→辣椒油3大匙、淡色醬油2大匙、鹽1小匙、烏醋3大匙、胡椒粉2小匙。

〈做法〉

**1** 蝦米入溫水中浸泡，泡軟後切碎。大蒜洗淨切碎，青蔥切末。

**2** 深鍋內注入半鍋水煮沸，入拉麵以大火煮至水沸，加入1/2碗清水再次煮沸，將煮好的麵條注入冷開水浸泡至涼，撈出備用。

**3** 拉麵盛入盤中，鋪上蝦米、大蒜末、蔥末，澆淋調味料，撒下熟芝麻拌食。

**輕鬆拌涼麵**

1) 可將辣椒油改為麻辣紅油，更為嗆辣。

2) 自製麻辣紅油：炒鍋入6大匙油燒熱關火，炒鍋移開火爐，將2大匙辣椒粉、1小匙花椒粉混合倒入鍋中，快速攪拌2分鐘即成。

delicious noodles

# 蠔油涼麵

〈材料〉→涼麵600克、叉燒肉300克、青蔥3根。

〈調味〉→蠔油2大匙、糖1/2大匙、麻油2小匙、胡椒粉1小匙。

〈做法〉

**1** 叉燒肉切絲，青蔥洗淨切絲。

**2** 所有調味料倒入小鍋內，加入清水2/3碗，中小火煮沸，盛出待涼。

**3** 涼麵盛入盤內，鋪上叉燒肉絲、蔥絲，淋入醬汁即可食用。

**輕鬆拌涼麵**

1) 叉燒直接到燒臘店中購買即可，省去自己製作的辛苦。

2) 蠔油必須加清水稀釋熬煮才不會太鹹，甘香的味道才能顯現。

# 梅汁涼麵

〈材料〉→涼麵300克、蟹腿肉150克、青椒1個、紅甜椒1個。

〈調味〉→話梅6粒。

〈做法〉

**1** 蟹腿肉沖洗後瀝乾水份，入沸水中（加入2片薑）汆燙至熟撈出。青、紅椒洗淨切細絲。

**2** 話梅浸泡在1碗冷開水中，至梅肉溶化於水中，即是醬汁。

**3** 涼麵盛入盤內，鋪上所有材料，淋上醬汁即可食用。

**輕鬆拌涼麵**
梅子本身就有酸、鹹、甜味，所以不需再放任何調味料。

delicious noodles

# 茄汁涼麵

〈材料〉→涼麵600克、雞腿2隻、蕃茄2個、青椒1個、大蒜4粒。

〈調味〉→**A** 酸梅粉1/2大匙 **B** 鹽1 1/2小匙、胡椒粉1小匙、太白粉2小匙。

〈做法〉

**1** 雞腿去皮、骨，切粗丁，入調味料**B**拌勻醃漬20～30分鐘。青椒洗淨切小塊，大蒜切碎。

**2** 蕃茄入沸水內汆燙，去皮切細丁，加入1 1/2碗清水，小火熬煮10分鐘，入酸梅粉拌勻，即是醬汁。

**3** 炒鍋熱入2大匙油，爆香蒜末，入雞丁以中大火翻炒均勻，入2大匙清水，中火燜3～5分鐘盛出。

**4** 涼麵盛入盤內，放上雞丁、青椒，澆淋醬汁即成。

**輕鬆拌涼麵**
選購雞腿以肉雞較為恰當，半土雞或土雞肉質較韌，適合燉煮。

# 雲南涼麵 delicious noodles

delicious noodles

# 雲南涼麵

〈材料〉→涼麵600克、叉燒肉120克、高麗菜絲100克、紅辣椒絲50克、小黃瓜絲80克、碎花生粒50克、紅蔥頭酥30克、芝麻10克。

〈調味〉→**A** 鹽2小匙、淡色醬油1大匙、糖2小匙、檸檬汁3大匙。 **B** 芝麻油4大匙。

〈做法〉

**1** 叉燒肉切絲，調味料**A**與4大匙冷開水混合拌勻。

**2** 炒鍋入4大匙油，油熱入芝麻，轉小火將芝麻炒成金黃色後盛出，即是芝麻油。

**3** 涼麵盛入盤內，加入叉燒肉絲、高麗菜絲、紅辣椒絲、小黃瓜絲、碎花生粒、紅蔥頭酥，淋下做法**1**的調味料及芝麻油，即可拌食。

**輕鬆拌涼麵**

雲南人喜食酸辣，可自行加入辣椒粉或生辣椒末，辣得更過癮。

# 雪菜涼麵

〈材料〉→白麵條600克、肉末200克、雪裡紅200克、綠竹筍1/2個、紅辣椒2根、青蔥2根。

〈調味〉→鹽1小匙、淡色醬油1/2大匙、糖2小匙、麻油2小匙、太白粉1/2大匙。

〈做法〉

1 肉末入所有調味料拌勻醃漬15～20分鐘，雪裡紅、青蔥洗淨切碎，紅辣椒切末，竹筍洗淨煮熟切丁狀。

2 深鍋內注入半鍋水煮沸，入麵條以大火煮至水沸（同時用筷子將麵條撥散），加入1/2碗清水再次煮沸，將煮好的麵條注入冷開水浸泡至涼，撈出備用。

3 炒鍋熱入3大匙油，爆香蔥末，入肉末、筍丁中大火翻炒至變色，入雪裡紅、辣椒末拌炒均勻（約2分鐘）。

4 麵條盛入盤內，入做法3的雪菜肉末一起拌食。

# 榨菜涼麵

〈材料〉→白麵條600克、瘦肉絲250克、榨菜絲150克、竹筍1/2個、青蔥絲100克、紅辣椒絲20克。

〈調味〉→鹽1/2小匙、淡色醬油1大匙、糖2小匙、麻油2小匙、胡椒粉1小匙、太白粉2小匙。

〈做法〉

1 瘦肉絲入所有調味料拌勻醃漬20～30分鐘，榨菜絲用冷水沖洗兩次，擠乾水份，竹筍煮熟切絲。

2 深鍋內注入半鍋水煮沸，入麵條以大火煮至水沸（同時用筷子將麵條撥散），加入1/2碗清水再次煮沸，將煮好的麵條注入冷開水浸泡至涼，撈出備用。

3 炒鍋熱入3大匙油，爆香蔥絲，入瘦肉絲以中火炒至肉變白，續入榨菜絲、筍絲、紅辣椒絲大火翻炒2分鐘。

4 麵條盛入盤內，入做法3的榨菜肉絲一起拌食。

**輕鬆拌涼麵**

選購榨菜時宜採買淡味榨菜，再用沖洗的方式處理鹹味，千萬不能浸泡，否則醬菜風味會流失。

**輕鬆拌涼麵**
油炸蒜末時要用鏟子不斷撥動蒜末，使其均勻受熱，且要用小火，若炸過火，大蒜就不香了，還會帶有苦味。

# 香蒜涼麵

〈材料〉→白麵條600克、雞胸肉200克、青蔥2根、紅辣椒2根、大蒜10粒。

〈調味〉→淡色醬油3大匙、糖1小匙、胡椒粉1小匙。

〈做法〉

**1** 雞胸肉煮熟，待涼切細丁。青蔥、紅辣椒、大蒜切碎，所有調味料與1大匙冷開水混合。

**2** 深鍋內注入半鍋水煮沸，入麵條以大火煮至水沸（同時用筷子將麵條撥散），加入1/2碗清水再次煮沸，將煮好的麵條注入冷開水浸泡至涼，撈出備用。

**3** 炒鍋熱入4大匙油，以小火將蒜末慢慢炸酥，呈金黃色後撈出，即是蒜酥和蒜油。

**4** 麵條盛入盤內，入蒜酥拌勻，鋪上雞丁、蔥末、辣椒末，淋入調味料、蒜油即成。

# 腐乳醬涼麵

〈材料〉→拉麵600克、四季豆200克、紅蘿蔔1/4根、大蒜5粒、紅辣椒3根、熟芝麻20克。

〈調味〉→豆腐乳2塊、糖2小匙、麻油1小匙。

〈做法〉

1 紅蘿蔔、四季豆洗淨切絲，入沸水汆燙2分鐘，撈出待涼。大蒜、紅辣椒切碎。

2 深鍋內注入半鍋水煮沸，入麵條以大火煮至水沸（同時用筷子將麵條撥散），加入1/2碗清水再次煮沸，將煮好的麵條注入冷開水浸泡至涼，撈出備用。

3 炒鍋熱入少許油，爆香大蒜、辣椒末，入豆腐乳、糖以中小火拌炒至豆腐乳成泥狀，入清水3大匙，轉小火煮沸，滴下麻油，即是醬汁。

4 涼麵盛入盤內，鋪上四季豆、紅蘿蔔絲，淋上醬汁，撒下芝麻即可拌食。

# 醬肉涼麵

〈材料〉→涼麵600克、梅花肉300克、大蒜末30克、豌豆苗200克。

〈調味〉→**A** 深色醬油2大匙、淡色醬油2大匙、鹽2小匙、糖1/2大匙、八角1粒、甘草片1片。 **B** 麻油。

〈做法〉

**1** 深鍋內注入清水2碗及調味料**A**，入梅花肉以中小火燜滷50～60分鐘，待涼切薄片，滷肉汁備用。

**2** 涼麵盛入盤內，入蒜末、滷肉汁、豌豆苗拌勻，鋪上肉片，滴入麻油拌食。

# 醬瓜涼麵

〈材料〉→白麵條600克、醬瓜150克、紅蘿蔔1/4根、綠豆芽200克、花生粒100克、青蔥絲20克。

〈調味〉→淡色醬油2大匙、糖1/2大匙、鹽1小匙。

〈做法〉

1 醬瓜、紅蘿蔔切絲，花生拍成碎粒狀，綠豆芽入沸水內汆燙30秒撈出。調味料和冷開水4大匙混合拌勻，即是醬汁。

2 深鍋內注入半鍋水煮沸，入麵條以大火煮至水沸（同時用筷子將麵條撥散），加入1/2碗清水再次煮沸，將煮好的麵條注入冷開水浸泡至涼，撈出備用。

3 麵條盛入盤內，入2大匙橄欖油拌勻，鋪上醬瓜、紅蘿蔔絲、綠豆芽、青蔥絲，淋上醬汁，撒下碎花生即成。

**輕鬆拌涼麵**

1）醬瓜鹹味不一，先嘗過味道後再酌量加入。

2）花生粒要選購炒熟且不帶鹽、蒜口味的。

輕鬆拌涼麵

「紹子」指將烹調的食材切成細末或小丁狀，燜煮成拌麵料，是山西、陝西一帶最常料理的醬料。

# 紹子涼麵

〈材料〉→雞蛋麵600克、絞肉300克、木耳100克、毛豆100克、豆腐2塊、紅蘿蔔1/4根、蔥末100克。

〈調味〉→**A** 淡色醬油1大匙、鹽1/2大匙、糖2小匙、胡椒粉1小匙。 **B** 太白粉1/2大匙、水2大匙混合。

〈做法〉

**1** 豆腐切成小丁，紅蘿蔔、木耳切碎。

**2** 深鍋內注入半鍋水煮沸，入麵條以大火煮至水沸，加入1/2碗清水再次煮沸，將煮好的麵條注入冷開水浸泡至涼，撈出備用。

**3** 炒鍋熱入3大匙油，爆香蔥末，入絞肉、木耳、淡色醬油，中火拌炒2分鐘，續入毛豆、豆腐、清水1碗，中小火燜煮6～8分鐘，入紅蘿蔔末、鹽、糖、胡椒粉調味，入調味料B勾薄芡，即是紹子醬。

**4** 麵條盛入盤內，加入紹子醬即可拌食。

# 鳳梨涼麵

〈材料〉→細拉麵600克、煙燻火腿300克、蝦仁300克、新鮮鳳梨1/4個、奇異果1 1/2個。

〈調味〉→鹽1小匙、鳳梨1/4個、奇異果1個。

〈做法〉

1 蝦仁洗淨瀝乾水份，入沸水內汆燙熟撈出。火腿、鳳梨、奇異果切丁。

2 深鍋內注入半鍋水煮沸，入拉麵以大火煮至水沸，加入1/2碗清水再次煮沸，將煮好的麵條注入冷開水浸泡至涼，撈出備用。

3 調味料與冷開水1碗混合，用果汁機攪打成醬汁。

4 拉麵盛入盤內，鋪上火腿、蝦仁、鳳梨、奇異果，澆淋醬汁即可食用。

輕鬆拌涼麵

鳳梨宜選購酸中帶甜者為佳，注意不能用鳳梨罐頭來料理，風味完全不同。

fresh noodles

# fresh noodles

**輕鬆拌涼麵**

1.主材料義大利麵亦可換成中式的拉麵。

2.蕃茄可用水煮整粒蕃茄罐頭替代，蕃茄醬汁一次多做些，庫存起來可冷藏約一星期（冷凍約一個月）。

# 義大利海鮮涼麵 fresh noodles

fresh noodles

# 義大利海鮮涼麵

〈材料〉→義大利麵條600克、蝦仁200克、鯛魚300克、蛤蜊300克、蟹腿肉200克、大蒜末30克、青椒1個、洋香菜末適量、紅蕃茄3個。

〈調味〉→大蒜末50克、鹽2小匙、糖1/2大匙、胡椒粉2小匙、白酒2大匙。

〈做法〉

1 蝦仁入鹽、太白粉抓拌均勻，沖洗瀝乾水份。鯛魚切丁狀，蛤蜊、蟹腿肉洗淨瀝乾，蕃茄入沸水汆燙，去皮切小丁狀，青椒切丁。

2 義大利麵入沸水內（加1小匙鹽），用筷子將麵條撥散，中小火煮6～8分鐘，加入1碗清水，中火煮4～5分鐘撈出，待涼備用。

3 炒鍋入2大匙橄欖油，中火炒香大蒜末50克，入蕃茄丁、鹽、糖、胡椒粉，加入2大匙水，中小火燜煮5分鐘，即是蕃茄醬汁。

4 另鍋入2大匙橄欖油，中火炒香大蒜末30克，入所有海鮮材料、青椒丁中大火拌炒至熟，淋入白酒翻炒均勻。

5 麵條盛入盤內，舀入做法4的海鮮材料，淋上蕃茄醬汁，撒上香菜末即可拌食。

# 乳酪涼麵

〈材料〉→義大利麵條600克、火腿150克、新鮮香菇150克、洋菇100克、松茸菇100克、洋蔥末60克、蘆筍100克。

〈乳酪醬〉→**A** 奶油乳酪150克、動物性鮮奶油80克、低筋麵粉50克、鮮奶150克。 **B** 鹽1小匙、檸檬汁2大匙。

〈調味〉→鹽1小匙、黑胡椒粉1小匙。

〈做法〉

1 火腿切丁，所有菇類切成片狀，蘆筍切段。

2 義大利麵入沸水內（加1小匙鹽），用筷子將麵條撥散，中小火煮6～8分鐘，加入1碗清水，中火煮4～5分鐘撈出，待涼備用。

3 炒鍋熱入2大匙橄欖油，炒香洋蔥末，入火腿、所有菇類、蘆筍、調味料，中大火拌炒3分鐘盛出。

4 乳酪醬材料A與清水100克全部混合，小火煮至糊狀沒有顆粒，入鹽一起煮沸，關火後加入檸檬汁拌勻。

5 麵條盛入盤內，鋪上做法3的材料，淋上乳酪醬，即可拌食。

# 果醋涼麵

〈材料〉→白麵條600克、青蘋果1個、火龍果1/2個、草莓8粒、青椒1個、黃紅彩椒各1個、水煮鮪魚罐頭1罐。

〈調味〉→鹽3小匙、果醋6大匙、橄欖油1大匙。

〈做法〉

1 青蘋果、火龍果、草莓、青椒、彩椒洗淨切小丁狀，鮪魚剝成片狀，鹽與冷開水3大匙拌開成鹽水。

2 深鍋內注入半鍋水煮沸，入麵條以大火煮至水沸（同時用筷子將麵條撥散），加入1/2碗清水再次煮沸，將煮好的麵條注入冷開水浸泡至涼，撈出備用。

3 麵條盛入盤內，鋪上鮪魚，依序淋入鹽水、果醋、橄欖油，再鋪上水果丁、甜椒丁即可拌食。

**輕鬆拌涼麵**

任何水果醋均可用來拌麵，夏天拌碗蔬果麵條，清爽開胃又健康。

**輕鬆拌涼麵**
Tabasco醬在超市可購得，味道辣中帶微酸，依個人口味酌量添加。

# Tabasco醬涼麵

〈**材料**〉→涼麵600克、雞丁150克、蝦仁200克、蟹腿肉150克、青花椰菜1/4顆、小紅蕃茄10粒、青蔥2根。

〈**調味**〉→Tabasco醬5大匙、冷開水5大匙、白醋1/2大匙、糖1/3大匙、淡色醬油1大匙、黑胡椒粉1小匙。

〈**做法**〉

**1** 蝦仁入鹽、太白粉拌抓，沖洗瀝乾水份。蟹腿肉沖洗瀝乾，青花椰菜洗淨切小朵，小蕃茄切丁，青蔥切段。

**2** 鍋內注入1/3鍋清水煮沸，入青蔥段、雞丁、蝦仁、蟹腿肉汆燙2～3分鐘，續入青花椰菜汆燙1分鐘，青蔥丟棄，其餘材料撈出拌入所有調味料及蕃茄丁。

**3** 涼麵盛入盤內，鋪上做法**2**的材料即成。

# 泡菜涼麵

〈材料〉→拉麵600克、瘦肉片200克、青蔥2根、韓國泡菜300克、熟芝麻20克。

〈調味〉→鹽1小匙、糖1小匙、太白粉1小匙。

〈做法〉

1 肉片入調味料醃漬20～30分鐘，青蔥一根切段，一根切絲。

2 深鍋內注入半鍋水煮沸，入拉麵以大火煮至水沸，加入1/2碗清水再次煮沸，將煮好的麵條注入冷開水浸泡至涼，撈出備用。

3 炒鍋熱入3大匙油，爆香蔥段，入肉片以中大火拌炒2分鐘，入泡菜翻炒均勻。

4 拉麵盛入盤內，鋪上做法3的材料及蔥絲，撒下芝麻拌食。

輕鬆拌涼麵
這道和風涼麵油脂少，是
非常爽口養生的涼麵。

fresh noodles

# 和風涼麵

〈**材料**〉→白麵條600克、蝦仁150克、秋葵100克、松茸菇100克、豆腐皮100克、白蘿蔔泥200克、熟白芝麻10克。

〈**調味**〉→淡色醬油1/2碗、味醂1/2碗、海帶1片（約10～12公分）、柴魚片2小包（約10克）。

〈**做法**〉

**1** 蝦仁入鹽、太白粉拌抓，沖洗瀝乾水份。秋葵、松茸菇洗淨入沸水汆燙2分鐘，將秋葵切段。豆腐皮切絲，汆燙2～3分鐘撈出。

**2** 深鍋內注入半鍋水煮沸，入麵條以大火煮至水沸（同時用筷子將麵條撥散），加入1/2碗清水再次煮沸，將煮好的麵條注入冷開水浸泡至涼，撈出備用。

**3** 小鍋中入調味料與清水1碗，中小火慢慢熬煮3～5分鐘，將醬汁過濾，冷卻備用。

**4** 麵條盛入盤內，鋪上所有材料，淋上醬汁，撒下芝麻即成。

fresh noodles

# 味噌涼麵

〈材料〉→涼麵600克、小銀魚80克、柴魚片1小包（約5克）、海帶芽50克。

〈調味〉→味噌醬150克、糖1/2大匙、味醂2大匙。

〈做法〉

**1** 小銀魚沖洗瀝乾水份，放入蒸鍋內蒸5～6分鐘。柴魚片揉成小碎片。海帶芽洗淨，入沸水汆燙2～3分鐘，撈出瀝乾。

**2** 小鍋中入味噌醬、糖、清水1 1/2碗，小火慢慢煮至糊狀，即是味噌醬汁。

**3** 涼麵盛入盤內，入味醂拌勻，鋪上銀魚、柴魚、海帶芽，澆淋味噌醬汁即可拌食。

**輕鬆拌涼麵**

1) 味噌醬鹹味不一，要預先嘗一下，以控制鹹味。

2) 新鮮的海帶芽腥味偏重，因此可購買沖泡式的乾貨。

fresh noodles

# 海苔涼麵

〈材料〉→白麵條600克、煙燻鮭魚250克、海苔20克、青蔥3根。

〈調味〉→淡色醬油1/2碗、味醂1/2碗、糖1/2大匙。

〈做法〉

**1** 鮭魚切片，海苔剪成絲。青蔥洗淨，將白色部份切絲，浸泡冰開水約5～10分鐘，瀝乾水份。

**2** 深鍋內注入半鍋水煮沸，入麵條以大火煮至水沸（同時用筷子將麵條撥散），加入1/2碗清水再次煮沸，將煮好的麵條注入冷開水浸泡至涼，撈出備用。

**3** 小鍋中入所有調味料、清水1碗，以小火煮沸，即是醬汁。

**4** 麵條與海苔拌勻盛入盤內，鋪上鮭魚，撒下白蔥絲，淋上醬汁一起拌食。

**輕鬆拌涼麵**

1) 將白蔥絲浸泡水中，即可去除其嗆度。

2) 煙燻鮭魚與鹹味鮭魚不同，它多了一道「燻」的過程，可在一般超市購得。

# 抹茶涼麵

〈材料〉→白麵條600克、海苔肉鬆適量。

〈調味〉→**A** 鹽2小匙、糖2小匙、淡色醬油1/2大匙、味醂1/2大匙。

**B** 抹茶粉1大匙。

〈做法〉

**1** 深鍋內注入半鍋水煮沸，入麵條以大火煮至水沸（同時用筷子將麵條撥散），加入1/2碗清水再次煮沸，將煮好的麵條注入冷開水浸泡至涼，撈出備用。

**2** 小鍋中入調味料**A**與清水6大匙，以小火煮沸，冷卻後入抹茶粉拌勻，即是抹茶醬汁。

**3** 麵條盛入盤內，淋上抹茶醬汁，鋪上海苔肉鬆即可拌食。

**輕鬆拌涼麵**
抹茶粉不但養身又可減重，夏天食用最適合，平日如果吃得太油膩，也可用溫水泡杯抹茶喝，十分清爽。

fresh noodles

# 咖哩涼麵

〈材料〉→涼麵600克、瘦肉絲200克、洋蔥末100克、紅辣椒末30克、大蒜末20克。

〈調味〉→魚露1/2大匙、鹽1小匙、胡椒粉2小匙、印度咖哩粉1大匙。

〈做法〉

**1** 肉絲入所有調味料拌勻，醃漬20～30分鐘。

**2** 炒鍋熱入3大匙油，爆香洋蔥末、辣椒末、大蒜末，入肉絲以中大火翻炒均勻，蓋上鍋蓋燜1分鐘，即是咖哩醬料。

**3** 麵條盛於盤內，淋上咖哩醬料即可食用。

**輕鬆拌涼麵**
超市中咖哩粉種類眾多，選購印度咖哩粉最佳，因為印度是盛產咖哩香料的國家，其香味最道地。

**輕鬆拌涼麵**

1) 以三色麵條搭配三色食材可愛討喜，小朋友一定喜歡吃。

2) 蘿蔔麵條、菠菜麵條屬於乾麵條，在超市中即可購得。

# 三色涼麵

〈材料〉→白麵條200克、蘿蔔麵條200克、菠菜麵條200克、雞胸肉1/2副(約250克)、紅蘿蔔1/4根、四季豆100克、大蒜末30克。

〈調味〉→鹽2小匙、淡色醬油1大匙、糖1小匙、胡椒粉2小匙、烏醋1/2大匙。

〈做法〉

1 紅蘿蔔、四季豆洗淨切絲，調味料與冷開水4大匙混合。

2 雞胸肉入沸水內，中小火煮15分鐘，冷卻後撕成絲狀。

3 深鍋內注入半鍋水煮沸，入三色麵條以大火煮至水沸（同時用筷子將麵條撥散），加入1/2碗清水再次煮沸，將煮好的麵條注入冷開水浸泡至涼，撈出備用。

4 炒鍋熱入4大匙油，油熱轉小火將大蒜末炸至金黃色，盛入小碗內，即是大蒜酥油。

5 麵條盛入盤內，鋪上雞絲、紅蘿蔔絲、四季豆，澆淋做法1的調味汁、大蒜酥油即可拌食。

# 沙爹涼麵

〈材料〉→涼麵600克、洋蔥絲100克、青椒絲100克、高麗菜絲100克、紅蘿蔔絲50克。

〈調味〉→淡色醬油2大匙、鹽1/2小匙、沙爹醬5大匙。

〈做法〉

1 所有蔬菜絲浸泡冰開水內約20分鐘，撈出瀝乾水份。

2 小鍋中入淡色醬油、鹽和清水6大匙，以小火煮沸待用。

3 涼麵盛入盤內，鋪上蔬菜絲，淋入做法2的醬汁，加入沙爹醬一起拌食。

**輕鬆拌涼麵**

市售罐裝沙爹醬已調味過，鮮味中帶微甜，類似台灣的沙茶醬，是很方便的醬料，大部份是從南洋國家進口，可至一般超市購買。

# 泰式打抛凉麵 fresh noodles

fresh noodles

# 泰式打拋涼麵

〈材料〉→涼麵600克、絞肉200克、紅蔥頭60克、大蒜60克、紅辣椒30克、新鮮香茅60克、九層塔適量。

〈調味〉→A 鹽1小匙、魚露1大匙、胡椒粉1小匙。

B 泰式甜辣醬（甜雞醬）3大匙、檸檬汁2大匙。

〈做法〉

1 紅蔥頭、大蒜、辣椒切碎，香茅切小段，九層塔洗淨瀝乾水份。

2 炒鍋熱入3大匙油，爆香紅蔥末、大蒜末，入絞肉、辣椒末、香茅翻炒3分鐘，入調味料A拌炒均匀，續入調味料B、九層塔拌匀，即是打拋肉醬。

3 涼麵盛入盤內，鋪上打拋肉醬即可拌食。

**輕鬆拌涼麵**

1)「打拋」即是九層塔，打拋肉醬的酸、辣程度，可視個人口味調整，用來拌食或煮湯麵都很好吃。

2)香茅及泰式甜辣醬可到南洋料理專賣店或大型超市購買。

# appetizing dish

# appetizing dish

# 涼拌大頭菜 appetizing dish

最開胃涼拌菜

appetizing dish

# 涼拌大頭菜

〈**材料**〉→大頭菜1個、大蒜5粒、紅辣椒2根、香菜末適量。

〈**調味**〉→鹽1/2小匙、糖1/2大匙、白醋1大匙。

〈**做法**〉

**1** 大頭菜剝去硬皮、切薄片，入2小匙鹽拌抓醃漬30分鐘，將水份擠乾備用。大蒜、辣椒切碎。

**2** 所有材料與調味料拌勻即成。

**輕鬆拌小菜**

這道菜不加任何油脂，與坊間做法不同（一般都會加入辣油、麻油等），吃起來更清爽，你一定要試試看！

# 糖醋高麗菜

〈材料〉→高麗菜1/4顆、嫩薑8片、紅蘿蔔1/2個、青蔥2根。

〈調味〉→冰糖100克、鹽1/2小匙、白醋3大匙。

〈做法〉

1 薑、青蔥切絲，紅蘿蔔切片，高麗菜洗淨瀝乾，撕成大片狀，入1小匙鹽拌抓醃漬30分鐘，將水份擠乾備用。

2 小鍋中入冰糖、鹽、清水1/2碗，小火煮至冰糖融化，降溫後入白醋拌勻，即是糖醋汁。

3 高麗菜、嫩薑絲、青蔥絲、紅蘿蔔片、糖醋汁拌勻，放進冰箱冰鎮半小時即可食用。

**輕鬆拌小菜**

1)紅、白蘿蔔要浸泡較久才能入味，不妨多做一些存放在冰箱，即使放置3～7天還是很脆爽。

2)道地的廣東泡菜會加入嫩薑片、蕎頭，但蕎頭是季節性食材且不易購得，可省略不放。

# 廣東泡菜

〈**材料**〉→小黃瓜4根、紅蘿蔔1/2根、白蘿蔔1/4根、嫩薑10片、蕎頭10粒。

〈**調味**〉→冰糖120克、鹽1/2小匙、白醋3大匙。

〈**做法**〉

**1** 小黃瓜洗淨切丁，紅、白蘿蔔洗淨削皮，切成小丁狀，蕎頭洗淨刮掉老皮，頭尾切掉。

**2** 所有材料入2小匙鹽拌抓醃漬30分鐘，將水份擠乾備用。

**3** 小鍋中入冰糖、鹽、清水1/2碗，小火煮至冰糖融化，降溫後入白醋拌勻，即是糖醋汁。

**4** 做法**2**的材料與糖醋汁拌勻，放進冰箱冰鎮6～10小時即可食用。

# 涼拌素什錦

〈材料〉→ **A** 榨菜絲50克、香菇絲50克、木耳絲50克、豆干絲100克、筍絲100克。 **B** 黃豆芽、綠豆芽各100克。 **C** 金針菇、芹菜、紅蘿蔔絲各50克。

〈調味〉→鹽1 1/2小匙、淡色醬油1/2大匙、糖2小匙、胡椒粉1小匙、麻油適量。

〈做法〉

**1** 榨菜沖洗冷水去鹹味，黃豆芽、綠豆芽、金針菇洗淨瀝乾水份。

**2** 炒鍋熱入2大匙油，入材料**A**、鹽、醬油、糖、胡椒粉拌炒2分鐘盛出備用。

**3** 鍋中水燒開，入黃豆芽汆燙3分鐘，續入綠豆芽、材料**C**汆燙2分鐘盛出待涼。

**4** 所有材料混合拌勻，滴下麻油即成。

# 涼拌大白菜

〈材料〉→大白菜1/2顆、滷過的五香豆干6塊、蝦米30克、大蒜末30克、辣椒絲20克、青蔥絲20克、香菜末適量。

〈調味〉→鹽1小匙、糖2小匙、白醋1大匙、麻油適量。

〈做法〉

1 大白菜洗淨瀝乾切絲，豆干切絲，蝦米入溫水泡軟切碎末。

2 豆干絲、蝦米末、大蒜末、辣椒絲和調味料拌勻，續入大白菜、青蔥絲、香菜末拌勻即成。

輕鬆拌小菜

大白菜加入鹽就會滲水，所以拌好要馬上食用。

appetizing dish

# 涼拌桂竹筍

〈材料〉→桂竹筍300克、蔥末20克、熟黑芝麻10克。

〈調味〉→**A** 味醂2大匙、柴魚1小包（約5克）。**B** 味噌醬1大匙、清水3大匙（兩者混合）

〈做法〉

**1** 桂竹筍洗淨入沸水煮8～10分鐘去除澀味，撈出待涼切4～5公分長。

**2** 深鍋內放入桂竹筍、所有調味料及清水1 1/2碗，小火燜煮15～20分鐘，冷卻待用。

**3** 桂竹筍盛入盤內，撒下蔥末、黑芝麻即成。

**輕鬆拌小菜**

1)桂竹筍本身沒有鮮味，加入味噌醬可增加其美味。

2)桂竹筍用途廣，除了涼拌外，亦可與肉類一起紅燒或煮湯。

appetizing dish

# 涼拌蘆筍

〈材料〉→蘆筍300克、蘿蔔乾60克、大蒜末20克、辣椒末20克。

〈調味〉→鹽1小匙、糖1/2小匙、麻油適量。

〈做法〉

**1** 蘆筍洗淨斜切成2～3段，入沸水（加1小匙鹽）汆燙1分鐘，撈出浸泡冰開水。

**2** 蘿蔔乾洗淨擠乾水份切碎，入大蒜末、鹽、糖拌勻。

**3** 蘆筍盛入深碗內，加入做法**2**的蘿蔔乾拌勻，撒下辣椒末，滴入麻油即成。

**輕鬆拌小菜**

蘆筍涼拌、清炒、燴菜都適宜，為保持其翠綠的顏色，汆燙時在水中加入少許蘇打粉或鹽皆可。

appetizing dish

# 涼拌四季豆

**輕鬆拌小菜**
四季豆不要汆燙過久，否則脆度不佳且色澤不翠綠。

〈材料〉→四季豆250克、大蒜3粒、嫩薑6片、紅辣椒1根。

〈調味〉→鹽1小匙、糖1小匙、淡色醬油1/2大匙、麻油適量。

〈做法〉

**1** 四季豆洗淨摘掉兩端，斜切成3段，入沸水汆燙90秒撈出。大蒜去皮切碎，嫩薑、辣椒切細絲。

**2** 炒鍋熱入1/2大匙油，爆香大蒜末、薑絲，入鹽、糖、醬油拌勻關火。

**3** 四季豆、紅椒絲盛入深碗內，加入做法**2**的醬汁，淋下麻油即成。

appetizing dish

# 涼拌小黃瓜

〈材料〉→小黃瓜200克、大頭菜50克、大蒜末20克、辣椒末20克。

〈調味〉→鹽1/2小匙、白醋2小匙、糖1小匙、麻油適量。

〈做法〉

**1** 大頭菜切絲，用冷開水沖洗擠乾水份。小黃瓜洗淨切絲。

**2** 所有材料和鹽、白醋、糖拌勻，滴下麻油即成。

**輕鬆拌小菜**
大頭菜有黑色及磚紅色兩種，皆可涼拌，因為其鹹味重，所以將它切成細絲，是入菜、涼拌提味的好食材。

appetizing dish

# 涼拌彩椒

〈材料〉→青椒1個、紅黃彩椒各1個。

〈調味〉→話梅6～8粒。

〈做法〉

1 青椒、彩椒洗淨，切成片狀備用。

2 鍋中入話梅、清水1 1/2碗，小火熬煮至梅肉溶於水中（約8～10分鐘），即是話梅汁。

3 所有材料與話梅汁拌勻即可食用。

**輕鬆拌小菜**
台灣栽種有各式甜椒，顏色有橘、紅、紫、黃、翠綠色等，都可搭配涼拌，讓菜餚色澤更豐富。

appetizing dish

**輕鬆拌小菜**
這道菜加入腐乳汁是廣東人的料理方法，台式風味則喜歡加入醬油膏，讀者可自行比較，看看哪一種口味最適合你。

# 涼拌茄子

〈材料〉→茄子4條、蔥末20克、大蒜末20克、辣椒末20克。

〈調味〉→豆腐乳1塊、糖2小匙、麻油適量。

〈做法〉

1 茄子洗淨切成約5公分的長條，再切成4瓣，入沸水中（加入1小匙鹽）汆燙4～6分鐘。

2 炒鍋熱入1大匙油，爆香蔥、蒜、辣椒末，入豆腐乳、糖和冷開水3大匙，小火拌炒均勻盛出，即是腐乳汁。

3 茄子盛入深碗內，倒入腐乳汁拌勻，滴下麻油，入冰箱冰鎮涼即可食用。

appetizing dish

# 涼拌貢菜

〈材料〉→貢菜200克、蝦米30克、大蒜末30克、蔥末30克、辣椒末20克。

〈調味〉→鹽1小匙、糖2小匙、淡色醬油2小匙、白醋1/2小匙、麻油適量。

〈做法〉

**1** 貢菜浸泡冷水30分鐘，洗淨擠乾水份，切3～4公分長，入沸水汆燙2～3分鐘撈出瀝乾。蝦米泡軟切碎。

**2** 貢菜盛入深碗內，加入蝦米、大蒜末、蔥末、辣椒末、調味料拌勻即成。

**輕鬆拌小菜**

貢菜是一種醃漬乾菜，因早期進貢給皇帝食用，所以稱「貢菜」，其口感脆爽，不論是炒、涼拌或與肉類紅燒皆可。

appetizing dish

# 涼拌苦瓜

〈材料〉→苦瓜1條、蝦米30克、青蔥1根、辣椒2根、熟芝麻10克。

〈調味〉→甜辣醬2大匙、糖1小匙、鹽1小匙、白醋2小匙。

〈做法〉

**1** 苦瓜洗淨切薄片，入冰開水內浸泡20分鐘。蝦米泡軟，青蔥、辣椒切末。

**2** 炒鍋熱入1大匙油，爆香蔥末、蝦米盛出。

**3** 苦瓜片盛入深碗內，加入所有調味料及冷開水3大匙拌勻，續入做法2的材料拌勻，撒下辣椒末、芝麻即成。

**輕鬆拌小菜**

苦瓜泡過冰水後，苦味會消除，吃起來又脆又涼，但不可拌太久，脆度會減分，以現拌現吃最佳。

涼拌青木瓜 appetizing dish

appetizing dish

# 涼拌青木瓜

〈材料〉→青木瓜1/2個、百香果醬200克。

〈調味〉→糖2小匙、鹽1/2小匙。

〈做法〉

**1** 青木瓜去皮切片，入冰開水（加入1茶匙砂糖）浸泡20分鐘，撈出瀝乾水份。

**2** 木瓜片放入深碗內，加入百香果醬、調味料拌勻，放入冰箱冷藏醃漬2～3小時即成。

**輕鬆拌小菜**

涼拌青木瓜甜、鹹均適宜，可加入各式甜果醬，或加入鳳梨醬、味噌醬即為鹹味，也可加一些辛辣食材做成「泰式涼拌青木瓜」，是有名的開胃菜。

# 菠蘿拌木耳 appetizing dish

appetizing dish

# 菠蘿拌木耳

〈材料〉→乾木耳60克、紅蘿蔔1/4根、鳳梨1/4個、小黃瓜2條、大蒜片20克。

〈調味〉→鹽1小匙、糖2小匙、白醋1/2大匙、胡椒粉1/2小匙。

〈做法〉

**1** 乾木耳浸泡冷水20～30分鐘，漲開後去蒂頭，切成不規則片狀。紅蘿蔔、鳳梨、小黃瓜切片。

**2** 炒鍋熱入1大匙油，爆香大蒜片，入木耳、紅蘿蔔、鹽、糖、胡椒粉翻炒均勻，續入鳳梨片、小黃瓜片、白醋拌炒1分鐘盛出，待涼食用。

**輕鬆拌小菜**

木耳亦可選購新鮮濕木耳，它含有大量膠質、鈣質，多食用對健康有益。

輕鬆拌小菜

將綠豆芽頭尾摘掉後，顏色呈白色帶些透明，所以稱為「銀芽」。

appetizing dish

# 涼拌銀芽

〈材料〉→銀芽200克、紅蘿蔔絲60克、小銀魚50克、青蔥1根。

〈調味〉→淡色醬油1/2大匙、鹽1小匙、柴魚5克、味醂1/2大匙。

〈做法〉

1 銀芽、紅蘿蔔絲入沸水汆燙30秒撈出，青蔥切末。

2 炒鍋熱入1大匙油，爆炒小銀魚至乾盛出。

3 鍋中入醬油、柴魚、鹽和清水1碗，小火熬煮3分鐘，柴魚片撈出丟棄，入味醂拌勻，即是醬汁。

4 銀芽、紅蘿蔔絲、小銀魚和醬汁一起拌勻，淋入1/2大匙橄欖油，撒下蔥末即成。

appetizing dish

# 涼拌干絲

〈材料〉→干絲200克、紅蘿蔔絲30克、芹菜絲40克、大蒜末20克。

〈調味〉→鹽1 1/2小匙、糖1小匙、淡色醬油1/3大匙、白醋1小匙、麻油適量。

〈做法〉

1 干絲洗淨入沸水汆燙3～4分鐘，紅蘿蔔絲、芹菜絲汆燙30秒撈出。

2 干絲與鹽、糖、醬油、白醋拌勻，續入紅蘿蔔絲、芹菜絲、大蒜末拌勻，滴下麻油即成。

輕鬆拌小菜

干絲如果太硬，可在沸水內加入2克的蘇打粉或鹽，汆燙後會變得較柔軟，以蘇打粉效果較佳。

appetizing dish

# 涼拌蘿蔔絲

〈材料〉→白蘿蔔絲250克、紅蘿蔔絲50克、蒜末20克、芹菜末適量。

〈調味〉→鹽1/2小匙、糖1小匙、白醋1/2大匙、麻油適量。

〈做法〉

**1** 白、紅蘿蔔絲入1小匙鹽拌勻醃漬20分鐘，擠乾水份。

**2** 蘿蔔絲與蒜末、調味料拌勻，撒下芹菜末即成。

**輕鬆拌小菜**

這是一道簡易的涼拌菜，若在冬天製作涼拌蘿蔔絲，還可加入青蒜苗，非常搭味。

ppetizing dish

# 涼拌金針菇

**輕鬆拌小菜**

1) 乾的金針菇在雜貨店可購得，其纖維多、性溫和，適合經常食用。

2) 金針菇泡軟後，多打個結，口感會更脆。

〈材料〉→乾金針菇100克、乾香菇6朵、青蔥末20克、辣椒1根。

〈調味〉→**A** 柴魚1小包（約5克）、淡色醬油1大匙、糖1/2大匙。 **B** 味醂1/2大匙、麻油適量。

〈做法〉

**1** 金針菇、香菇浸泡溫水30分鐘，洗淨瀝乾水份。辣椒切末。

**2** 深鍋中入金針菇、香菇、調味料**A**及清水4大匙，小火燜煮20分鐘盛出，冷卻待用。

**3** 香菇取出切絲，盛入深碗內，入金針菇、青蔥末、辣椒末、味醂拌勻，滴下麻油即成。

**輕鬆拌小菜**
酸豇豆的酸味是經由天然醱酵而來，可以拌麵飯、配湯麵、下酒等，非常可口。



# 麻辣酸豇豆

〈材料〉→酸豇豆250克、蝦米30克、嫩薑6片、大蒜末30克、辣椒末20克。

〈調味〉→**A** 鹽1/2小匙、糖2小匙、胡椒粉1小匙、花椒粉1小匙。

**B** 麻油適量。

〈做法〉

1 酸豇豆稍微沖洗，瀝乾水份，切小段（約1公分）。蝦米泡軟切碎，嫩薑切碎末。

2 炒鍋熱入2大匙油，爆香大蒜末、蝦米、嫩薑末，續入酸豇豆、辣椒末、調味料**A**，中火翻炒2分鐘，滴下麻油拌勻即成。

# 醋溜藕片

〈材料〉→蓮藕2節、嫩薑6片、青蔥1根、辣椒2根。

〈調味〉→冰糖2大匙、白醋2大匙。

〈做法〉

1 蓮藕去皮切薄片，入冷水內浸泡。嫩薑、青蔥、辣椒洗淨切細絲。

2 鍋中入冰糖和清水2大匙，小火煮至糖融化，降溫後加入白醋拌勻，即是糖醋汁。

3 藕片入糖醋汁中浸泡1小時，續入嫩薑絲、青蔥絲、辣椒絲拌勻即成。

輕鬆拌小菜

1) 加入青蔥、辣椒絲是為了配色，不用放太多。

2) 藕片要入味，必須入醬汁中浸泡較久，不能省略這道功夫。

appetizing dish

appetizing dish

# 涼拌三絲

〈材料〉→芹菜100克、榨菜絲50克、新鮮金針菇100克、紅蘿蔔絲30克、大蒜末10克。

〈調味〉→鹽1/2小匙、糖1小匙、麻油適量。

〈做法〉

1 芹菜切段，榨菜絲用冷開水沖洗去鹹味，金針菇洗淨，切掉根部硬蒂。

2 鍋中水燒開，入芹菜、紅蘿蔔絲汆燙30秒取出，續入金針菇汆燙2分鐘，撈出待涼。

3 將所有材料、調味料一起拌勻即成。

輕鬆拌小菜

「三絲」沒有限制要哪三種蔬菜，只要脆度夠且顏色討喜，均可作為涼拌食材。

appetizing dish

# 涼拌皮蛋

〈材料〉→皮蛋3個、洋蔥1/2個、青蔥2根、大蒜末20克、辣椒末20克、小紅蕃茄3個。

〈調味〉→淡色醬油1大匙、醬油膏1/2大匙、白醋2小匙、糖1小匙。

〈做法〉

1 皮蛋去殼切成四瓣，洋蔥切絲，青蔥切末，蕃茄切半。

2 所有調味料與冷開水1大匙、青蔥末、大蒜末、辣椒末拌勻備用。

3 洋蔥絲鋪在盤底，排入皮蛋和小蕃茄，淋下做法2的醬汁即成。

輕鬆拌小菜

小紅蕃茄是為了裝飾用，也可不放。

appetizing dish

# 涼拌百頁

〈材料〉→百頁豆皮250克、雪裡紅80克、蔥末20克、辣椒末20克。

〈調味〉→鹽1小匙、糖2小匙、淡色醬油2小匙、麻油適量。

〈做法〉

**1** 百頁入沸水內汆燙3～4分鐘，撈出瀝乾。雪菜洗淨切碎，入沸水內汆燙2～3分鐘，撈出放涼擠乾水份。

**2** 百頁和蔥末、鹽、糖、醬油拌勻，續入雪菜、辣椒末拌勻，滴入麻油即成。

輕鬆拌小菜

1)百頁（亦稱千張）是一種帶些厚度的豆腐皮，可到南門市場購買。

2)也可使用百頁結（打結的豆皮），切成小片來替代百頁。

appetizing dish

# 涼拌花生

〈材料〉→油炸花生250克、大蒜末20克、青蔥末30克、紅辣椒末20克。

〈調味〉→鹽1/2小匙、糖1小匙、白醋2小匙、淡色醬油2小匙、麻油適量。

〈做法〉

大蒜末、青蔥末、辣椒末和所有調味料拌勻，續入花生米拌勻即可食用。

輕鬆拌小菜

1)油炸花生米有點鹹，所以鹽要酌量加入。

2)涼拌花生米要隨拌隨吃，因為花生浸泡在拌料太久，就會不脆。

tasty dish

tasty dish

# 牛肉卷 tasty dish

tasty dish

# 牛肉卷

〈材料〉→火鍋牛肉片200克、蘆筍4根、胡蘿蔔1/4個、刈薯1/4個、大蒜2粒。

〈調味〉→**A** 鹽1/2小匙、糖2小匙、淡色醬油1/2大匙、白醋1小匙、胡椒粉1小匙。
**B** 紅酒1大匙。

〈做法〉

**1** 蘆筍、胡蘿蔔、刈薯洗淨，切成5～6公分長，入沸水汆燙2分鐘，冷卻待用。大蒜拍扁。

**2** 蘆筍、胡蘿蔔、刈薯放在牛肉片上捲起，即是牛肉卷。

**3** 取一平底鍋，加入調味料**A**、清水2大匙、大蒜，以小火煮沸，續入牛肉卷、1大匙橄欖油，中火燜煮2分鐘，加入紅酒即成。

輕鬆拌小菜

1)牛肉卷不論冷、熱食用，都很美味。
2)蘆筍不可汆燙太久，否則會失去原來翠綠的色澤。
3)刈薯即是豆薯，其種子有毒，只有塊根部份可食用。

tasty dish

涼拌
牛肉絲

# 涼拌牛肉絲

〈材料〉→牛里肌肉250克、銀芽100克、青蔥絲20克、辣椒絲20克。

〈調味〉→**A** 破布子2大匙、糖1小匙。 **B** 淡色醬酒1/2大匙、糖2小匙、太白粉1小匙。

〈做法〉

**1** 牛肉切絲入調味料**B**拌勻醃漬15～20分鐘，入沸水汆燙至變色撈出。銀芽洗淨，入沸水汆燙30秒撈出。

**2** 小鍋中入調味料**A**與清水4大匙，小火熬煮10分鐘，即是破布子汁。

**3** 牛肉絲盛入深碗內，加入破布子汁、青蔥絲拌勻，續入銀芽、辣椒絲拌勻，滴下適量橄欖油即成。

**輕鬆拌小菜**

破布子俗稱「樹籽仔」，能幫助開胃，不但可食用也被當作藥用，市面上可買到許多醃漬加工品，購買十分方便。

# 乾煸牛肉絲

〈材料〉→牛里肌肉300克、大蒜末30克、辣椒末30克、蔥末30克、薑末20克。

〈調味〉→鹽2小匙、淡色醬油1/2大匙、麻油1/2大匙、糖2小匙、胡椒粉1小匙、蘇打粉1/3小匙。

〈做法〉

1 牛肉切絲，入所有調味料醃漬20～30分鐘。

2 炒鍋熱入4大匙油，加入牛肉絲以中大火爆炒3分鐘，將牛肉盛起，湯汁濾掉。

3 炒鍋續入4大匙油燒熱，牛肉絲回鍋以中大火翻炒至稍微焦黃變乾後盛起。

4 餘油爆香大蒜、辣椒、蔥末、薑末，入牛肉絲大火翻炒均勻即成。

**輕鬆拌小菜**

「乾煸」是將牛肉以半煎炸的方式處理，使其脫水，稍微焦黃乾硬才有嚼勁。

tasty dish

**輕鬆拌小菜**
牛腱最好先冷藏6～8小時，使肉質緊縮，切絲時才不會散開。

# 涼拌醬肉

〈**材料**〉→滷熟牛腱1個（約250克）、白蘿蔔1/4根、青蔥2根、紅辣椒3根、香菜末適量。

〈**調味**〉→鹽1/2小匙、糖1小匙、白醋1小匙、麻油適量。

〈**做法**〉

**1** 白蘿蔔切絲，入鹽1小匙拌抓醃漬20分鐘，擠乾水份備用。青蔥、紅辣椒切絲。

**2** 牛腱切粗絲，盛入深碗內，加入所有調味料、青蔥絲、辣椒絲拌勻，續入白蘿蔔絲、香菜末拌勻，裝入平盤內即可食用。

# 蒼蠅頭

〈材料〉→絞肉200克、黑豆豉50克、大蒜末30克、紅辣椒末20克、韭菜花100克。

〈調味〉→**A** 糖2小匙、胡椒粉1小匙、淡色醬油2小匙。

**B** 麻油適量。

〈做法〉

1 豆豉稍微沖洗，瀝乾水份。韭菜花洗淨切段（約1公分）。

2 炒鍋熱入2大匙油，爆香大蒜末，入絞肉、豆豉、辣椒末，中火拌炒3分鐘，入調味料A、韭菜花大火翻炒2分鐘，盛入盤內，滴下麻油即成。

**輕鬆拌小菜**

蒼蠅頭為川味小菜，吃起來辣、鹹、香，可一次多製作些，裝入瓶罐內冷藏，隨時都可食用。

**輕鬆拌小菜**
馬鈴薯汆燙後泡冷水，能降溫冷卻，還可去除附著於表面的黏糊澱粉。

# 火腿拌洋芋絲

〈**材料**〉→馬鈴薯2個、煙燻火腿肉150克、青椒1個、小蕃茄8個、洋蔥末20克。

〈**奶油糊**〉→鹽1小匙、白醋1小匙、粗黑胡椒粉1小匙。

〈**做法**〉

**1** 火腿、青椒切絲，小蕃茄切對半。

**2** 馬鈴薯去皮切絲，入沸水汆燙3～4分鐘，撈出浸泡冷開水10分鐘，瀝乾水份備用。

**3** 馬鈴薯絲入鹽、白醋拌勻，續入其餘材料、粗黑胡椒粉及橄欖油1大匙，拌勻裝盤即成。

# 雞絲拉皮

〈材料〉→雞胸肉1副（約500克）、小黃瓜3條、紅蘿蔔1/4條、乾綠豆粉皮3片、大蒜末30克、黑芝麻少許。

〈調味〉→芝麻醬2大匙、淡色醬油1/2大匙、白醋1/2大匙、麻油1/2大匙、花椒粉1小匙。

〈做法〉

1 小黃瓜、紅蘿蔔洗淨切絲，粉皮泡溫水15～20分鐘，取出切條狀。

2 雞胸洗淨以中小火煮熟，剝成絲狀。

3 芝麻醬和冷開水6大匙拌勻，加入其他調味料拌勻備用。

4 盤中鋪上小黃瓜絲、紅蘿蔔絲，續入粉皮、雞絲、蒜末，淋下做法3的醬汁，撒上黑芝麻即成。

**輕鬆拌小菜**

綠豆粉皮在南門市場、迪化街等均可購得，乾粉皮比濕粉皮Q，用來涼拌口感較好。

輕鬆拌小菜

鹹蜆仔要好吃，訣竅在於掌握蜆仔的裂口大小。裂口大小會影響肉質的熟度，裂口過大、蜆仔過熟，則肉殼會分離；裂口太小、熟度不夠，就無法醃入味，且很難打開食用。

# 鹹蜆仔 tasty dish

tasty dish

# 鹹蜆仔

〈材料〉→蜆仔600克、大蒜10粒、辣椒2根、薑8片。

〈調味〉→糖3大匙、鹽1/2大匙、淡色醬油1/2碗、甘草片1片、米酒1大匙。

〈做法〉

1 大蒜洗淨拍扁，辣椒切斜段，薑切粗絲。

2 蜆仔洗淨放入篩網內，沖入沸水，水份瀝乾後，裝入深碗內，再次沖入沸水（水量需蓋過蜆仔），放置30分鐘，待蜆仔出現裂口即可撈出，浸蜆仔的水備用。

3 取一小湯鍋注入浸蜆仔的水，加入糖、鹽、醬油、甘草片，小火熬煮20分鐘，稍微降溫後，加入米酒拌勻，續入蜆仔、蒜瓣、辣椒段、薑絲醃漬2～3小時即可食用。

輕鬆拌小菜

1) 醬汁必須煮至有一些稠度，才能附著在魚片上。

2) 鮭魚不要煮太久，肉質硬了，就不夠滑口。

# 蜜汁鮭魚 tasty dish

tasty dish

# 蜜汁鮭魚

〈**材料**〉→鮭魚500克、洋蔥1/2個、萵苣1/4個、紅甜椒1/2個、青椒1/2個、熟芝麻10克。

〈**調味**〉→蜂蜜3大匙、淡色醬油1大匙、味醂1大匙。

〈**做法**〉

**1** 鮭魚切成1公分厚片，洋蔥、萵苣、甜椒、青椒洗淨切絲。

**2** 小鍋中入調味料、清水2大匙，以小火煮沸，入鮭魚汆燙至五分熟撈出。

**3** 蔬菜絲混合裝入盤內，排上鮭魚片，撒下芝麻即成。

# 沙丁魚沙拉

〈材料〉→罐頭沙丁魚1罐、洋蔥1/2個、小黃瓜2條、辣椒2根、香菜末適量。

〈調味〉→鹽1/2小匙、魚露1/2大匙、檸檬汁3大匙、糖2小匙。

〈做法〉

1 洋蔥、小黃瓜洗淨切絲，辣椒切碎。

2 洋蔥、小黃瓜、調味料拌勻裝盤，鋪上沙丁魚，撒下辣椒末、香菜末即成。

**輕鬆拌小菜**

1)如果覺得沙丁魚腥味重，可加大蒜末入鍋爆炒一下。

2)其他魚類罐頭亦可照本食譜涼拌。

**輕鬆拌小菜**
這道沙拉屬於西式涼拌風味，亦可用生魚片來代替罐頭鮪魚。

# 鮪魚沙拉

〈**材料**〉→水煮鮪魚罐頭1罐、洋蔥末20克、青花椰菜1/4顆、白花椰菜1/4顆、小蕃茄少許。

〈**調味**〉→鹽1小匙、黑胡椒粉1小匙。

〈**做法**〉

**1** 鮪魚切成片狀，青、白花椰菜切成小朵，小蕃茄洗淨切半。

**2** 鮪魚、洋蔥末、調味料拌勻，續入花椰菜、蕃茄丁稍為拌一下，淋下1大匙橄欖油即成。

# 涼拌丁香魚

〈材料〉→丁香魚200克、青蔥末20克、大蒜末30克、蒜味花生米60克、辣椒末20克。

〈調味〉→鹽1/2小匙、糖1小匙、淡色醬油1/3大匙、麻油適量。

〈做法〉

1 丁香魚沖洗一下，瀝乾水份。

2 炒鍋入3大匙油，爆香蔥末、大蒜末，入丁香魚以中小火煸乾酥，加入鹽、糖、醬酒大火翻炒均勻盛盤，冷卻後加入花生米、辣椒末，滴下麻油即可食用。

輕鬆拌小菜

1) 丁香魚不能浸泡水中，否則鮮味會流失。

2) 上等的丁香魚身長約3～4公分，鮮美且無腥味，但價錢昂貴，多由日本進口。

**輕鬆拌小菜**

1）這道涼拌蝦仁是南洋風味，開胃爽口，適合夏天食用。

2）薄荷葉可用九層塔代替。

# 涼拌蝦仁

〈**材料**〉→蝦仁400克、芹菜1棵、洋蔥1/2個、紅辣椒2根、薄荷葉適量、大蒜末10克。

〈**調味**〉→魚露1/2大匙、糖1/2大匙、辣椒醬1/2大匙、檸檬汁2大匙。

〈**做法**〉

**1** 芹菜洗淨切段，洋蔥、辣椒切絲，薄荷切碎。

**2** 蝦仁入1大匙太白粉、1小匙鹽拌抓均勻，沖洗瀝乾水份，用小刀在蝦背上劃一刀，入沸水內汆燙2～3分鐘，捲成球狀撈出，冷卻後盛入深碗內，入所有調味料、大蒜末拌勻。

**3** 做法**1**的食材全部拌勻，鋪上做法**2**的蝦仁即成。

# 五味魷魚卷

〈材料〉→魷魚2尾、大蒜末20克、青蔥末1根、香菜末適量、紅辣椒末1根。

〈調味〉→甜辣醬1 1/2大匙、醬油膏1大匙、蕃茄醬1/2大匙。

〈做法〉

1 魷魚洗淨切花穗狀，入沸水內汆燙約2分鐘，捲起後撈出瀝乾水份。

2 大蒜末、蔥末、香菜末、辣椒末、調味料和冷開水2大匙拌勻，即是醬汁。

3 魷魚盛入盤內，淋上醬汁即可食用。

**輕鬆拌小菜**

「五味」之意是指至少使用五種食材及調味料製成的醬汁，與食材一同料理出的菜餚。

# 涼拌青蒜鴨賞

〈材料〉→宜蘭鴨賞1/4隻、青蒜苗2根、紅辣椒2根、大蒜末10克、熟芝麻10克。

〈調味〉→糖2小匙、白醋1/2大匙、胡椒粉1/2小匙、麻油適量。

〈做法〉

1 青蒜苗洗淨切絲，紅辣椒洗淨切細末。

2 鴨賞放入蒸鍋以中小火蒸15分鐘，冷卻去骨、切成丁狀。

3 鴨肉和所有調味料拌勻，入青蒜絲、辣椒末、大蒜末，裝盤撒下芝麻即成。

**輕鬆做甜點**

吉利T粉是海藻抽取物，吃素的人可以食用，吉利T粉在45～50°C就會凝結。坊間用洋菜粉製作，成品的口感有點脆，使用吉利T粉的話，口感柔軟且較有彈性。

# 綠豆露

〈材料〉→綠豆400克、吉利T粉45克、細砂糖225克。

〈做法〉

1 綠豆洗淨，放入清水（水淹蓋過綠豆表面）浸泡1小時後濾乾，倒入深鍋內，注入7～8碗清水以中火煮沸，再轉小火慢慢熬煮20分鐘至綠豆微裂口，關火燜20分鐘，用湯勺將綠豆湯輕輕舀出1,500公克。

2 吉利T粉和細砂糖拌勻。

3 綠豆湯倒入做法2中，以小火邊煮邊攪拌至糖、吉利T粉溶化，不需要煮沸。

4 稍微降溫倒入布丁杯內，成品約12～13杯，冷卻1小時後放入冰箱冰鎮食用。

**輕鬆做甜點**

吉利丁粉也有片狀的，烘焙店有販售，用法和粉末相同，使用前一定要加水泡軟。吉利丁是從動物的骨頭、軟骨等含有膠質蛋白的組織提煉出來的，屬於葷食材。

# 椰奶酪

〈材料〉→椰漿200克、清水500克、煉乳50克、細砂糖50克、吉利丁粉20克。

〈做法〉

1 吉利丁粉放入60公克水中吸水膨脹軟化。

2 椰漿、清水、煉奶、糖以小火加熱拌勻，倒入做法1繼續加熱至吉利丁溶化且沸騰，馬上關火。

3 等稍微降溫後倒入模型內，完全冷卻後放入冰箱冷藏至冰涼食用（約5～6小時）。

# 芝麻糊

〈**材料**〉→綠豆仁40～50克、黑芝麻粉60克、清水400克、冰糖60克、太白粉2小匙。

〈**做法**〉

**1** 綠豆仁洗淨，放入清水浸泡（水淹蓋過綠豆仁表面）1小時後濾乾，放入電鍋蒸至軟爛取出，趁熱用湯勺壓成細碎泥狀。

**2** 再將綠豆泥用篩網篩過，使豆泥更為綿密。

**3** 太白粉加1大匙清水混合均勻。

**4** 清水、冰糖以小火煮沸，放入綠豆泥攪拌均勻，續入黑芝麻粉拌勻，最後倒入太白粉水勾芡，成品約2碗份量。

**輕鬆做甜點**

這道食譜中的黑芝麻粉是用烘烤過直接磨成粉的，雖然使用方便但卻有點燥熱，所以添加一些綠豆泥平衡一下。冰糖清甜不膩，太白粉勾芡能使口感更順滑。

# 紅豆泥西米露

〈 **材料** 〉→紅豆300克、冰糖400克、西谷米60克、煉乳適量。

〈 **做法** 〉

**1** 紅豆洗淨，放入清水（水淹蓋過紅豆表面）浸泡2～3小時後，放入電鍋蒸2～3次至軟爛取出，趁熱用湯勺壓成細碎泥狀。

**2** 紅豆泥放入炒鍋內，加入冰糖以小火拌炒，拌炒至冰糖融化且紅豆泥表面亮亮的馬上關火。

**3** 西谷米輕輕沖洗一次後濾乾。取一深鍋，注入4碗清水煮沸，倒入西谷米以小火煮3～4分鐘後關火，續燜10分鐘，加入適量的冰糖放冷卻。

**4** 取一小碗舀入半碗西谷米甜湯，加入1球紅豆泥，可以澆淋煉乳食用。

**輕鬆做甜點**

西谷米不可以浸泡否則會糊爛掉，而且也不能放入冰箱，否則會變得乾硬沒有彈性，只能隨煮隨吃一次吃完。

**輕鬆做甜點**

挑選芋頭時，以體形飽滿呈橄欖球狀的為佳，秋冬至春出的芋頭最好吃。麥芽有分成較黏硬的黃色麥芽和較稀軟的透明色水麥芽，這裡要購買水麥芽製作。桂花醬可到南門市場或雜貨店、超市購買。

# 桂花蜜香芋

〈 **材料** 〉→芋頭1顆、清水150克、冰糖200克、水麥芽200克、桂花醬4小匙。

〈 **做法** 〉

**1** 芋頭削皮洗淨後切成四半，放入蒸籠蒸熟 （約30分鐘）。

**2** 清水、冰糖以小火煮至冰糖溶化後關火，倒入水麥芽攪拌均匀，續入芋頭浸泡4～5小時。

**3** 食用芋頭時，再加入桂花醬至甜湯內拌匀。

國家圖書館出版品預行編目

5分鐘涼麵 ・ 涼拌菜 ・ 涼點：低卡開胃簡單吃
趙柏淯著．－初版
－台北市：朱雀文化，2012（民101）
面； 公分．－（Quick系列；018）
ISBN 978-986-6029-23-3（平裝）
1.食譜 2.麵食
427.38

QUICK 018

# 5分鐘涼麵 ・ 涼拌菜 ・ 涼點
## 低卡開胃簡單吃

作者　趙柏淯
攝影　張志銘、徐榕志
內文設計　柯雅玲
封面設計　鄭寧寧
編輯　曾曉玲
行銷　呂瑞芸
企畫統籌　李橘
總編輯　莫少閒
出版者　朱雀文化事業有限公司
地址　台北市基隆路二段13-1號3樓
電話　02-2345-3868
傳真　02-2345-3828
劃撥帳號　19234566 朱雀文化事業有限公司
e-mail　redbook@ms26.hinet.net
網址　http://redbook.com.tw
總經銷　成陽出版股份有限公司
ISBN　978-986-6029-23-3
初版一刷　2012.07.

定價　199元
出版登記　北市業字第1403號

出版登記北市業字第1403號


About買書：
●朱雀文化圖書在北中南各書店及誠品、金石堂、何嘉仁等連鎖書店均有販售，如欲購買本公司圖書，建議你直接詢問書店店員。如果書店已售完，請撥本公司經銷商北中南區服務專線洽詢。北區（03）358-9000、中區（04）2291-4115和南區（07）349-7445。
●●至朱雀文化網站購書（http://redbook.com.tw），可享85折優惠。
●●●至郵局劃撥（戶名：朱雀文化事業有限公司，帳號19234566），掛號寄書不加郵資，4本以下無折扣，5～9本95折，10本以上9折優惠。